BEI GRIN MACHT SICH IHR WISSEN BEZAHLT

- Wir veröffentlichen Ihre Hausarbeit,
  Bachelor- und Masterarbeit

- Ihr eigenes eBook und Buch -
  weltweit in allen wichtigen Shops

- Verdienen Sie an jedem Verkauf

Jetzt bei www.GRIN.com hochladen
und kostenlos publizieren

Bibliografische Information der Deutschen Nationalbibliothek:

Die Deutsche Bibliothek verzeichnet diese Publikation in der Deutschen National-
bibliografie; detaillierte bibliografische Daten sind im Internet über http://dnb.d-
nb.de/ abrufbar.

Impressum:

Copyright © 2015 GRIN Verlag, Open Publishing GmbH
Druck und Bindung: Books on Demand GmbH, Norderstedt Germany
ISBN: 978-3-668-23238-9

Dieses Buch bei GRIN:

http://www.grin.com/de/e-book/323168/alternative-energien-im-offenen-unterricht-
energietraeger-im-detail-9

Anja Schulte

Alternative Energien im offenen Unterricht. Energieträger im Detail (9. Klasse, Realschule)

GRIN Verlag

Unterrichtsentwurf

anlässlich eines Unterrichtsbesuchs gemäß § 7 (8) APVO-Lehr

Fach:	Erdkunde	Schulleiterin
Klasse:	9bRS	
Anzahl der Schüler/innen[1]:	26 (17M./ 9J.)	PS[2]-Leiterin:
Datum:18.06.2015		FS[3]-Leiter:
Uhrzeit:10:50 Uhr-11:35 Uhr		EU[4] seit:

Thema der Unterrichtseinheit:

Rohstoffe nutzen - gezielt und maßvoll

Kompetenzen der Unterrichtseinheit

Die SuS „entnehmen geographisch relevante Informationen aus Grafiken, Tabellen und Klimadiagrammen."[5] Sie „entnehmen zielgerichtet thematisch relevante Informationen aus digitalen Medien" und „erläutern die Darstellung geographischer Sachverhalte, die in Mindmaps, Kausalketten oder Wirkungsgefügen dargestellt werden."[6] Darüber hinaus beschreiben sie „geographische Sachverhalte und Darstellungen strukturiert unter Verwendung von Fachbegriffen" und „charakterisieren geographische Sachverhalte."[7] Des Weiteren bewerten die SuS „Lebensräume in Abhängigkeit von Klima- und Vegetationszonen" und „nehmen Stellung zu menschlichen Eingriffen in natürliche Systeme im Hinblick auf ökologische und soziale Verträglichkeit."[8] „Sie bewerten humangeographische Prozesse unter Aspekten einer nachhaltigen Entwicklung."[9] Überdies werten die SuS „thematische Karten unter einer Fragestellung aus"[10] und erläutern klimatische Prozesse in der Atmosphäre und natürliche Ursachen und Folgen des Klimawandels.[11]

---

[1] Schülerinnen und Schüler werden im Sinne einer besseren Lesbarkeit im Folgenden mit „SuS" abgekürzt
[2] Pädagogik-Seminar
[3] Fachseminar
[4] Eigenständiger Unterricht
[5] Niedersächsisches Kerncurriculum (Hrsg.) Kerncurriculum für die Realschule. Schuljahrgänge 5-10 Erdkunde. Hannover, 2014, S.16
[6] Ebd.
[7] Ebd.,S.17
[8] Ebd.,S.18
[9] Ebd.
[10] Ebd.,S.19
[11] Ebd.,S.20

Thema	Verfahren/Methode	Kompetenzen	AdS[12]
Erdöl- Entstehung und Gefahren	*Darbietendes Verfahren* Film, Textarbeit, Lückentext	Fachwissen, Beurteilung und Bewertung, Erkenntnisgewinnung durch Methoden	1
Braunkohle – Entstehung und Abbau	*Erarbeitendes Verfahren* Gruppenpuzzle zu Entstehung, Abbau, Verwendung und Zukunft von Braunkohle	Fachwissen, Erkenntnisgewinnung durch Methoden, Kommunikation	1
Garzweiler II- Vorbereitung des Planspiels Garzweiler II- Vorbereitung des Planspiels	*Erarbeitendes Verfahren:* Textarbeit zu den verschiedenen Interessengruppen	Räumliche Orientierung, Fachwissen, Erkenntnisgewinnung durch Methoden	1
Garzweiler II- Planspiel	*Genetisches Verfahren* Planspiel	Erkenntnisgewinnung durch Methoden, Kommunikation, Beurteilung und Bewertung	1
Kernkraftenergie- Risiken und Chancen	*Darbietendes Verfahren*: Film, Textarbeit, Lehrer-Schüler-Gespräch	Fachwissen Erkenntnisgewinnung durch Methoden Beurteilung und Bewertung	1
Abschluss- fossile Energieträger	*Erarbeitendes Verfahren:* Brainstorming, Gruppenmix-verfahren	Erkenntnisgewinnung durch Methoden, Kommunikation, Beurteilung und Bewertung	1
Alternative Energien-Die Energieträger im Detail	***Erarbeitendes Verfahren* Lerntheke**	**Fachwissen, Erkenntnisgewinnung durch Methoden**	1
Alternative Energien-Die Energieträger im Detail	*Erarbeitendes Verfahren* Lerntheke	Fachwissen, Erkenntnisgewinnung durch Methoden	1

---

[12] Anzahl der Stunden

Alternative Energien- Die Energieträger im Detail	*Erarbeitendes Verfahren* Lerntheke	Fachwissen, Erkenntnisgewinnung durch Methoden	1
Bioenergie – Die Teller- oder Tank- Debatte	*Genetisches Verfahren* Mind Map, Diskussion	Fachwissen, Erkenntnisgewinnung durch Methoden Kommunikation	1
Windenergie- Umweltfreundliche Alternative oder Gefahr für Natur, Umwelt und Mensch?	*Genetisches Verfahren* Brainstorming, Planspiel	Erkenntnisgewinnung durch Methoden Kommunikation Beurteilung und Bewertung	1

Thema der Unterrichtsstunde:

Alternative Energien - Die Energieträger im Detail

Ziel der Unterrichtsstunde:

Die SuS sollen die verschiedenen alternativen Energieträger[13] in ihren Grundzügen kennen.

Teillernziele:

Die SuS sollen…

1…ihr Vorwissen zum Thema alternative Energien reaktivieren sowie das Stundenthema herleiten, indem sie die Karikatur „Atomstromdebatte"[14] beschreiben und interpretieren.

2…die verschiedenen Arten von Solarenergie[15] sowie deren Funktionsweise kennenlernen, indem sie einen Text zur Solarenergie (M4) aufmerksam lesen und die fehlenden Begriffe[16] in die Lücken des Textes einsetzen.

> *a)…indem sie einen Text zur Solarenergie aufmerksam lesen und die fehlenden Begriffe mithilfe einer Tippkarte (M5) in die Lücken des Textes einsetzen. (qualitative Differenzierung).*

3…die Bedingungen und Eigenschaften von Windkraftenergie beschreiben, indem sie…

> a)…zunächst fünf min über das Thema nachdenken, in einer Mind Map aufschreiben, was sie bereits über Windkraft wissen und so ihr Vorwissen reaktivieren.

---

[13] Frei wählbar aus: Sonne, Wasser, Wind, Geothermie, Bioenergie
[14] Vgl. M1
[15] Photovoltaik und Solarthermie
[16] Solaranlagen, Kraftwerke, Heizen, Förderung, Neubauten, Wärme, Photovoltaik, elektrische, Absatzmarkt

b)...anschließend einen Text zum Thema Windkraft lesen (M8) und ihre Mind Map mithilfe des Textes ergänzen.

c)...*anschließend einen Text zum Thema Windkraft lesen (M8) und ihre Mind Map mithilfe des Textes und einer Tippkarte (M9) ergänzen (qualitative Differenzierung).*

4...zwischen zwei Kategorien von Wasserkraftwerken[17] unterscheiden und die Funktion beider in Partnerarbeit kennenlernen, indem sie...

a)...zunächst einen Text zum Thema Wasserkraftwerke (M11) lesen.

b)...Informationen aus dem Text entnehmen und ihrem Partner das Wasserkraftwerk der zugewiesenen Kategorie[18] anhand einer selbst angefertigten Skizze erklären.

c)...*mithilfe der Tippkarte (M12) Informationen aus dem Text entnehmen und ihrem Partner das Wasserkraftwerk der zugewiesenen Kategorie anhand einer selbst angefertigten Skizze erklären.* (qualitative Differenzierung).

d)...den Erläuterungen ihres Partners zu der zweiten Kategorie folgen.

5... die verschiedenen Materialien, die für Bioenergie verwendet werden[19], die Einsatzgebiete von Bioenergie sowie die Vor- und Nachteile kennenlernen, indem sie...

a)...in einer Fühlbox (M14) verschiedene Produkte zur Herstellung von Bioenergie[20] ertasten und vermuten, um welche Produkte es sich hierbei handelt.

b)...einen Text zum Thema Bioenergie (M15) lesen und ihre Vermutungen zu a) überprüfen.

c)...dem Text Informationen entnehmen und Fragen zu den Unterthemen „Klimaneutralität" und „Teller oder Tank-Debatte" beantworten.

d)...*dem Text Informationen entnehmen und mithilfe einer Tippkarte Fragen zu den Unterthemen „Klimaneutralität" und „Teller oder Tank-Debatte" beantworten. (qualitative Differenzierung)*

6...die Funktionsweise der Geothermie kennenlernen, indem sie...

a)...zu Beginn ein Puzzle (M20) zusammensetzen, auf dem ein Schema einer Geothermie-Anlage zu sehen ist.

b)...ihre Vermutungen darüber, was die Zeichnung darstellt[21], schriftlich festhalten.

---

[17] Laufwasserkraftwerk und Speicherkraftwerk
[18] Partner A (der jüngere der beiden): Laufwasserkraftwerk, Partner B (der ältere der beiden): Speicherkraftwerk
[19] Mais, Weizen, Zuckerrübe, Raps, Sonnenblumen, Ölpalmen, Bio-Abfälle, Holz
[20] Mais, Weizen, Holz, Kartoffelschalen (ALS Beispiel für Bio-Abfälle)
[21] Geothermieanlage, vgl. M21

c)...dem dazugehörigen Text (M22) Informationen entnehmen und sich darauf basierend drei Fragen überlegen, die sie ihrem Partner zu dem Thema Geothermie stellen.

d)... *dem dazugehörigen Text Informationen entnehmen und sich darauf basierend mit Hilfe der Tippkarte drei Fragen überlegen, die sie ihrem Partner zu dem Thema Geothermie stellen (qualitative Differenzierung).*

e)...diese Fragen ihrem Partner stellen sowie die Fragen ihres Gegenübers beantworten.

7...die negativen Seiten der Windenergie kennenlernen und beschreiben, indem sie...

a)...den Film „Ärgernis Windrad"[22] schauen, den Aussagen der Betroffenen aufmerksam zuhören und dem Film so wichtige Informationen entnehmen.

b)...sich währenddessen Notizen zu vorgegebenen Höraufträgen machen (M24).

c) *den Film ein zweites Mal schauen, um die Fragen beantworten zu können. (qualitative Differenzierung).*

d)...die Antworten zu den vorgegebenen Fragen anschließend an ihrem Platz ausformulieren.

---

[22] Online unter: https://www.youtube.com/watch?v=NH_JcMWwQ3Q

Zeit	Phasen	Inhalt	Medien	TLZ	Schüleraktivitäten/Lehreraktivitäten	SAO-Formen	Didaktisch-methodische Anmerkungen
10:50-10:55 Uhr	Einstieg	Beschreibung und Interpretation der Karikatur	SB Karikatur M1	1	-Begrüßung -LiV präsentiert die Karikatur -SuS äußern sich gemäß des Drei-Schritts „Ich sehe…, „Ich denke…", „Ich frage mich…" zu der Karikatur -LiV fragt SuS nach ihren Vermutungen bzgl. des Stundenthemas -SuS äußern ihre Vermutungen. -Falls es sich den SuS nicht erschließt, nennt LiV das Stundenthema -LiV leitet zur Hinführungsphase über	LiV LA SÄ LÄ LÄ LA	Die SuS erschließen das Thema, welches die Lerntheke behandelt und entwickeln Fragen zum Thema, die während der Lerntheke Beantwortet werden können.
10:55-11:02	Hinführung	Ablauf der Stunde und Regeln der Lerntheke	SB M2 M3 Countdown-timer		-LiV lässt die Laufpässe von zwei SuS verteilen -LiV lässt den Ablauf von einem SuS vorlesen und kommentiert diesen gegebenenfalls -LiV gibt Zeit und Zieltransparenz. -LiV stellt Countdown-Timer	SA SA LA LA	
11:02-11:29	**Erarbeitung**	**Arbeit mit der Lerntheke**			**-Die SuS bearbeiten selbstständig die einzelnen Aufgaben** **-Bei Bedarf holen sie sich die Tippkarten zur Hilfe** **-Im Anschluss an jede erledigte Aufgabe gleichen sie ihre Ergebnisse mit einem Lösungszettel ab** **-LiV gibt bei Bedarf Hilfestellung**		**Mithilfe des Laufzettels, der die Aufgaben und Themen visualisiert, arbeiten die SuS selbstständig und strukturiert an der Lerntheke**
		Aufgabe 1 Sonnenenergie	M4, M5, M6	2	-SuS füllen einen Lückentext zum Thema Solarenergie (Photovoltaik und Solarthermie) aus	SA, EA	- (schreib) motorischer, kognitiv-analytischer Lernweg Qualitative Differenzierung: Tippkarte
		Aufgabe 2 Windenergie	M7 M8 M9,M10	3a 3b 3c	-SuS reaktivieren ihr Vorwissen und visualisieren anhand einer Mind Map, was sie bereits über das Thema Windenergie wissen -SuS lesen einen Text zum Thema Windenergie und ergänzen ihre Mind Map mithilfe des Textes	SA,EA	- (schreib) motorischer, kognitiv-analytischer Lernweg Qualitative Differenzierung: Tippkarte

		Aufgabe 3 Wasserkraft	M11 M12	4a 4b	-SuS lesen eine Text zum Thema Wasserkraft -SuS fertigen eine Skizze zu einem der zwei erläuterten Kategorien der Wasserkraftwerke an	SA, PA	- (schreib) motorischer, kognitiv-analytischer Lernweg
			M13	4c,4 d	-In Partnerarbeit erklären sich SuS gegenseitig die Wasserkraftwerke anhand ihrer Skizzen		Qualitative Differenzierung: Tippkarte
		Aufgabe 4 Bioenergie	M14 M15		-Die SuS ertasten in einer Fühlbox verschiedene Produkte zu Herstellung von Bioenergie und stellen Vermutungen an, um welche Produkte es sich hierbei handelt.	SA, EA	-haptischer, (schreib)-motorischer, kognitiv-analytischer Lernweg
			M16		-Die SuS lesen einen Text zu Bioenergie, überprüfen ihre Vermutungen und entnehmen dem Text weitere Informationen.		Qualitative Differenzierung: Tippkarte
			M17 M18		-Die SuS beantworten Fragen zum Text.		
		Aufgabe 5 Geothermie	M19		-SuS fügen in Partnerarbeit ein Puzzle zusammen und kleben das fertige Puzzle auf.	SA, PA	haptischer, motorischer, kognitiv-analytischer, auditiver Lernweg
			M20		-SuS notieren Vermutungen darüber, was auf dem Bild dargestellt ist.		
			M22		-SuS lesen einen Text zum Thema Geothermie. -Anhand des Textes formulieren SuS je drei Fragen zu Geothermie und schreiben diese auf.		Qualitative Differenzierung: Tippkarte
			M23		-SuS führen ein kooperatives Partnerinterview zum Thema Geothermie durch.		
		Aufgabe 6 Die Schattenseiten der Windenergie	M24 M25		-SuS schauen einen Film zu den Nachteilen der Windkraft und bearbeiten dabei Höraufträge. -SuS beantworten Fragen zum Film.	SA, EA	visueller, auditiver, kognitiv-analytischer Lernweg
							Qualitative Differenzierung: SuS können den Film bei Bedarf ein zweites Mal schauen
11:30-11.35	Sicherung/ methodisch	**Reflexion/ methodische Sicherung**	M26		-LiV beendet die Arbeitsphase, bittet die SuS zu überprüfen, ob sie alle erledigten Arbeitsblätter sowie das an dem sie gerade arbeiten, markiert haben.	LA	Die Zwischensicherung erfolgt methodisch, da die SuS inhaltlich bereits mithilfe der Lösungskarten sichern. Des Weiteren bearbeiten SuS die Stationen in unterschied-licher Reihenfolge, eine gemeinsame fachliche Sicherung würde also Informationen vorwegnehmen
					-LiV zeigt die Reflexionskarten -SuS reflektieren die Stunde anhand der Reflexionskarten	LA SA	
					-LiV beendet die Stunde	LA	

Literatur:

Bundesministerium für Umwelt, Naturschutz, Bau- und Reaktorsicherheit (2013): *Umweltfreundlich Energie erzeugen- Materialien für Schülerinnen und Schüler*. Online unter: http://www.bmub.bund.de/fileadmin/Daten_BMU/Pools/Bildungsmaterialien/energie_erzeugen_sek _schueler_bf.pdf Zuletzt aufgerufen am: 6.6.2015

Das Strom-und Energieportal Österreich [online] *Wie funktioniert ein Speicherkraftwerk?* Online unter: http://www.e-sicher.at/speicherkraftwerk/ Aufgerufen am:11.6.2015

Fischer, Peter und Flath Martina: *Unsere Erde Realschule Niedersachsen 9/10*. Berlin 2010, S. 75

Niedersächsisches Kerncurriculum (Hrsg.) Kerncurriculum für die Realschule. Schuljahrgänge 5-10 Erdkunde. Hannover, 2014, S.16-20

Umweltbundesamt (2015): *Erneuerbare Energien*. Online unter: http://www.umweltbundesamt.de/themen/klima-energie/erneuerbare-energien

Das Strom-und Energieportal Österreich [online] *Wie funktioniert ein Speicherkraftwerk?* Online unter: http://www.e-sicher.at/speicherkraftwerk/ Aufgerufen am:11.6.2015

Bildquellen:

Auge: http://sr.photos3.fotosearch.com/bthumb/CSP/CSP561/k5611737.jpg Zuletzt aufgerufen am: 09.06.2015

Bioenergie: http://www.umweltbundesamt.de/themen/klima-energie/erneuerbare-energien/bioenergie Zuletzt aufgerufen am: 10.06.2015

Erde: http://www.wasistwas.de/files/wiwtheme/wissenswelten/wissenschaft/fragen/erde_rund2_1183371 04.jpg_b.jpg Zuletzt aufgerufen am: 12.06.2015

Fragezeichen: http://image4.spreadshirtmedia.net/image-server/v1/compositions/24515387/views/1,width=235,height=235,appearanceId=1/Fragezeichen.jp g Zuletzt aufgerufen am: 10.06.2015

Gedankenblase: http://shirta.de/media/catalog/product/cache/1/small_image/295x295/9df78eab33525d08d6e5fb8d 27136e95/d/e/denkblase-d75429208.png Zuletzt aufgerufen am: 12.06.2015

Geotherme Funktionsweise: http://www.energienpoint.de/uploads/RTEmagicC_Funktionsweise_Geothermie.jpg.jpg Zuletzt aufgerufen am: 13.06.2015

Karikatur „Atomstromdebatte" http://de.toonpool.com/user/7749/files/atomstrom-debatte_973045.jpg Zuletzt aufgerufen am: 08.06.2015

Laufwasserkraftwerk: http://www.sroka-partner.de/energy/images/wasserkraft_skizze_fluss.gif Zuletzt aufgerufen am: 08.06.2015

Piktogramm Einzelarbeit: http://media.4teachers.de/images/thumbs/image_thumb.7531.png

Piktogramm Partnerarbeit: http://media.4teachers.de/images/thumbs/image_thumb.7533.png Zuletzt aufgerufen am: 10.06.2015

Solarenergie: http://www.umweltbundesamt.de/themen/klima-energie/erneuerbare-energien/solarenergie. Zuletzt aufgerufen am: 12.06.2015

Stauwasserkraftwerk: http://www.fosbos-technik-muenchen.de/_/rsrc/1353077592118/die-schule/fachbereiche-faecher/technologie-informatik/12-klasse-fos-bos/Laufwasserkraftwerk.png Aufgerufen am: 15.06.2015

Windenergie: http://www.umweltbundesamt.de/themen/klima-energie/erneuerbare-energien/windenergie Zuletzt aufgerufen am 16.6.2015

Windradprotest: http://archiv.n-land.de/uploads/pics/21482_New_1304701265.jpg Zuletzt aufgerufen am: 10.6.2015

Wasserkraftwerk: https://wasserturbo.files.wordpress.com/2013/05/wasserkraftwerk-damm.jpg Zuletzt aufgerufen am: 08.06.2015

Video: ZDF neo: *Ärgernis Windrad.* Online unter: https://www.youtube.com/watch?v=NH_JcMWwQ3Q Aufgerufen am: 08.06.2015

<u>Anhangsverzeichnis</u>

An-hang	Name	Quelle	S.
M1	Karikatur zum Einstieg mit erwarteten Schü-ler-Äußerungen	http://www.sfv.de/artikel/karikaturen_zur_energiewende.htm Zuletzt aufgerufen am: 08.08.2015	12
M2	Regeln und Ablauf	Eigener Entwurf	13
M3	Laufzettel	Eigener Entwurf	14
M4	Arbeitsblatt 1-Sonnenenergie/ Lückentext	Eigener Entwurf Textquelle: Umweltbundesamt (2015): *Erneuerbare Energien.* Bildquelle: Ebd.	15
M5	Tippkarte Sonnenenergie	Eigener Entwurf Textquelle: Siehe M4	16
M6	Lösung Sonnenenergie	Eigener Entwurf	17
M7	Arbeitsblatt Windenergie	Eigener Entwurf	18
M8	Text zu	Eigener Entwurf Textquellen:	19

	Windenergie	Bundesministerium für Umwelt, Naturschutz, Bau- und Reaktorsicherheit (2013) Fischer, Peter und Flath Martina: *Unsere Erde Realschule Niedersachsen 9/10.* Berlin 2010 http://de.statista.com/statistik/daten/studie/20116/umfrage/anzahl-der-windkraftanlagen-in-deutschland-seit-1993/(zuletzt aufgerufen am 10.6.) Umweltbundesamt (2015): *Erneuerbare Energien.* Bildquelle: Ebd.	
M9	Tippkarte zu Windenergie	Eigener Entwurf Textquellen: Siehe M18	20
M10	Lösungsvorschlag zu Windenergie	Eigener Entwurf	21
M11	Aufgabenblatt Wasserkraft	Textquelle: Umweltbundesamt (2015): *Erneuerbare Energien.* Bildquelle: https://wasserturbo.files.wordpress.com/2013/05/wasserkraftwerk-damm.jpg Zuletzt aufgerufen am: 08.06.2015	22
M12	Tippkarte zu Wasserkraft	Eigener Entwurf Textquellen: Siehe M11	23
M13	Lösungsvorschlag zu Wasserkraft	Eigener Entwurf	24
M14	Fühlbox	Leihgabe von Kirsten Holtgreve	24
M15	Arbeitsblatt 4- Fühlbox	Eigener Entwurf	25
M16	Text zu Arbeitsblatt 4- Fühlbox	Umweltbundesamt (2015): *Erneuerbare Energien,* Bundesministerium für Umwelt, Naturschutz, Bau- und Reaktorsicherheit (2013)	26
M17	Tippkarte zu Arbeitsblatt 4	Eigener Entwurf. Quellen: siehe M16	27
M18	Lösungen zu: Fühlbox	Eigener Entwurf	28
M19	Arbeitsblatt zu Geothermie	Eigener Entwurf. Bildquelle: http://www.wasistwas.de/files/wiwtheme/wissenswelten/wissenschaft/fragen/erde_rund2_118337104.jpg_b.jpg	29
M20	Puzzle Geothermie	Eigner Entwurf. Bildquelle: http://www.energienpoint.de/uploads/RTEmagicC_Funktionsweise_Geothermie.jpg.jpg	30
M21	Lösung/ Puzzle	Eigener Entwurf. Bildquelle: S. M20	30
M22	Text zu Geothermie	Textquelle: Umweltbundesamt (2015): *Erneuerbare Energien,* Bundesministerium für Umwelt, Naturschutz, Bau- und Reaktorsicherheit (2013)	31

M23	Tippkarte zu Geothermie	Eigener Entwurf	32
M24	Aufgabe 6- Höraufträge	Eigener Entwurf	33
M25	Lösung Höraufträge	Eigener Entwurf. Inhalt	34
M26	Reflexionskarten	Entnommen aus: „Mir hat gut gefallen, dass" 88 Impulskarten für gezielte und begründete Reflexionen. Auer Verlag 2013	35

Quelle: http://de.toonpool.com/user/7749/files/atomstrom-debatte_973045.jpg

Ich sehe...   Ich denke...   Ich frage mich...

Ich sehe...	...einen Mann mit einem Demonstrationsschild gegen Atomkraftenergie
	...eine rundliche Frau die die Hände/Arme ausbreitet. Die Frau sagt zum Mann: „Aber woher soll ohne Atomkraft unser Strom kommen?"
	...im Hintergrund einen Wasserfall der in einen Bach mündet, eine Sonne,
	...eine dicke Wolke, die Wind in Richtung der Frau pustet.
	...die Frau steht mit dem Rücken zu Wind, Wasser und Sonne.
Ich denke...	...bei der Frau handelt es sich um Angela Merkel.
	...Sonne, Wasser und Wind stellen Beispiele für alternative Stromquellen dar
	...dass Angela Merkel die alternativen Energiequellen evtl. bewusst ignoriert, obwohl sie ausreichend vorhanden sind.
Ich frage mich...	...ob erneuerbare Energien eine ausreichende Alternative zur Atomkraft darstellen.
	...wie Energie aus Wind, Sonne bzw. Wasser gewonnen wird.
	...ob es noch weitere erneuerbare Energiequellen gibt.

Regeln und Ablauf

-Bearbeite selbstständig die Aufgabenblätter der Lerntheke.

-Du entscheidest die Reihenfolge, in der Du die Aufgaben bearbeitest.

Ausnahme: Aufgabe **2** kommt vor **6**.

-Aufgabe **2,4** und **5**: <u>Erst</u> das Arbeitsblatt bearbeiten, <u>dann</u> den Text holen.

-Die Texte findest Du unter den Arbeitsblättern, Tippkarten findest Du unter den Texten.

- Aufgabe **3** und **5** sind <u>Partnerarbeiten</u>, die anderen Einzelarbeiten.

-Nachdem Du ein Aufgabenblatt bearbeitet hast, vergleiche Deine Lösung mit dem Lösungsblatt und hake die Aufgabe auf dem Laufzettel ab.

- Lösungsblätter findest Du auf dem Pult.

Laufzettel

Name:_______________________________________

Nr.	Name des AB	Partner-o. Einzelarbeit	Erledigt?	Kontrolle?
1	Sonnenenergie			
2	Windenergie			
3	Wasserkraft			
4	Bioenergie			
5	Geothermie			
6	Die Schattenseiten der Windenergie			

Platz für Fragen:

____

____

____

____

____

____

Sonnenenergie - Lückentext

Quelle: pixabay.com

Setzen die folgenden Begriffe in die Lücken ein!

💡 Wenn Du Hilfe benötigst, hole Dir die Tippkarte.

Solaranlagen Neubauten	Kraftwerke	Heizen	Förderung	
Wärme	Photovoltaik		elektrische	Absatzmarkt

Solarenergie wird in Deutschland mit Hilfe der Photovoltaik und der Solarthermie genutzt. Bei der Photovoltaik wandeln Solarzellen die Strahlung der Sonne direkt in ________________Energie um. Bei der Solarthermie erzeugen Solarkollektoren ________________aus Sonnenlicht.

Sonnenenergie: Strom aus der Sonne

Sonnenstrahlen erzeugen Wärme – das ist klar. Aber sie können auch Strom erzeugen. Das funktioniert zum Beispiel mit Hilfe einer Solarzelle. Solarzellen bestehen aus einem Halbleitermaterial, das unter dem Einfluss von Sonnenlicht Elektronen in Bewegung setzt und damit Strom erzeugt. Dieser Gleichstrom kann über einen Wechselrichter in Wechselstrom umgewandelt und ins Netz eingespeist werden. In den letzten Jahren war Deutschland ein bedeutender________________ für Solarzellen. Attraktive Förderbedingungen durch das „Erneuerbare Energien Gesetz", hohe gesellschaftliche Akzeptanz und die Verschlechterung der Förder-bedingungen fossiler Energieträger in anderen Ländern trugen dazu bei, dass der Bau von ________________________ in erheblichem Umfang staatlich unterstützt wurde.

Sonnenenergie: Wärme aus der Sonne

Neben der Stromerzeugung mittels ________________________gibt es noch eine weitere Möglichkeit, die Energie der Sonne zu nutzen. Wenn sie auf einen sogenannten Solarkollektor fallen, kann damit Wasser erwärmt werden. Dieses kann im Haushalt oder aber als Trägermedium zum Beispiel zum________________ von Gebäuden genutzt werden. Mit bestimmten Techniken kann das Wasser so weit erhitzt werden, dass es verdampft. Der Dampf kann dann Turbinen zur Stromerzeugung antreiben. Anlagen, in denen dies geschieht, werden als solarthermische________________________ bezeichnet. Sie könnten vor allem in Gegenden, mit viel Sonne in Zukunft eine wichtige Rolle bei der Energieversorgung spielen.

Wichtige Instrumente zur ________________________der Solarthermie sind das Erneuerbare Energien-Wärmegesetz und das Marktanreizprogramm für Erneuerbare Energien. Nach dem Erneuerbare-Energien-Wärmegesetz (EEWärmeG) müssen für die Wärmeversorgung von ________________anteilig erneuerbare Energien eingesetzt werden. Bei Bestandsbauten kann für die Installation einer solarthermischen Anlage ein Investitionszuschuss aus dem Förderprogramm MAP beantragt werden.

M 5 Tippkarte Sonnenenergie

Tippkarte

Folgende Wörter gehören in die <u>erste Hälfte des Textes</u> (Bis: Wärme aus der Sonne):

Absatzmarkt   elektrische   Solaranlage   Wärme

Folgende Wörter gehören in die <u>zweite Hälfte des Textes</u> (Ab: Wärme aus der Sonne):

Kraftwerke   Neubauten   Photovoltaik   Heizen   Förderung

Quelle: pixabay.com

Sonnenenergie- Lösung

Solarenergie wird in Deutschland mit Hilfe der Photovoltaik und der Solarthermie genutzt. Bei der Photovoltaik wandeln Solarzellen die Strahlung der Sonne direkt in ***elektrische*** Energie um. Bei der Solarthermie erzeugen Solarkollektoren ***Wärme*** aus Sonnenlicht.

Sonnenenergie: Strom aus der Sonne

Sonnenstrahlen erzeugen Wärme – das ist klar. Aber sie können auch Strom erzeugen. Das funktioniert zum Beispiel mit Hilfe einer Solarzelle. Solarzellen bestehen aus einem Halbleitermaterial, das unter dem Einfluss von Sonnenlicht Elektronen in Bewegung setzt und damit Strom erzeugt. Dieser Gleichstrom kann über einen Wechselrichter in Wechselstrom umgewandelt und ins Netz eingespeist werden. In den letzten Jahren war Deutschland ein bedeutender ***Absatzmarkt*** für Solarzellen. Attraktive Förderbedingungen durch das „Erneuerbare Energien Gesetz", hohe gesellschaftliche Akzeptanz und die Verschlechterung der Förder-bedingungen fossiler Energieträger in anderen Ländern trugen dazu bei, dass der Bau von ***Solaranlagen***
in erheblichem Umfang staatlich unterstützt wurde.

Sonnenenergie: Wärme aus der Sonne

Neben der Stromerzeugung mittels ***Photovoltaik*** gibt es noch eine weitere Möglichkeit, die Energie der Sonne zu nutzen. Wenn sie auf einen sogenannten Solarkollektor fallen, kann damit Wasser erwärmt werden. Dieses kann im Haushalt oder aber als Trägermedium zum Beispiel zum ***Heizen*** von Gebäuden genutzt werden. Mit bestimmten Techniken kann das Wasser so weit erhitzt werden, dass es verdampft. Der Dampf kann dann Turbinen zur Stromerzeugung antreiben. Anlagen, in denen dies geschieht, werden als solarthermische ***Kraftwerke*** bezeichnet. Sie könnten vor allem in Gegenden, mit viel Sonne in Zukunft eine wichtige Rolle bei der Energieversorgung spielen.

Wichtige Instrumente zur ***Förderung*** der Solarthermie sind das Erneuerbare Energien-Wärmegesetz und das Marktanreizprogramm für Erneuerbare Energien. Nach dem Erneuerbare-Energien-Wärmegesetz (EEWärmeG) müssen für die Wärmeversorgung von ***Neubauten*** anteilig erneuerbare Energien eingesetzt werden. Bei Bestandsbauten kann für die Installation einer solarthermischen Anlage ein Investitionszuschuss aus dem Förderprogramm MAP beantragt werden.

Quelle: pixabay.com

Aufgaben

1. Nehme Dir 5 Minuten Zeit, um über das Thema Windenergie nachzudenken. Sicher hast Du schon einmal davon gelesen oder gehört. Was weißt Du bereits über das Thema? Was würdest Du gerne erfahren? Wenn Du schon etwas darüber weißt, kannst Du es in die Mind Map auf diesem Blatt eintragen.

2. Lies Dir nun den Text T2 durch.

3. Ergänze/Erstelle die Mind Map mit Hilfe der Information aus dem Text.

Wenn Du Hilfe benötigst, hole Dir die Tippkarte

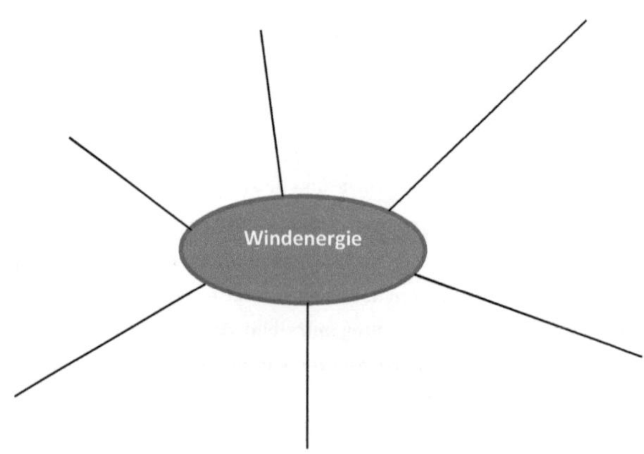

T2: **Windenenergie**

Quelle: pixabay.com

Schon seit Jahrhunderten nutzt der Mensch die Kraft des Windes. Doch seit Ende der 1980er Jahre erlebt die Windkraft einen enormen Aufschwung. In Deutschland spielt sie innerhalb der alternativen Energieträger neben der Biomasse bisher die bedeutendste Rolle, insbesondere in der Stromerzeugung. In der Produktion von Windkraftanlagen ist Deutschland weltweit führend. Etwa 80% der produzierten Windenergieanlagen werden ins Ausland exportiert. Aber auch in Deutschland gibt eine steigende Nachfrage. Mit rund 24.400 installierter Windkraftanlagen (Stand 2014) liegt Deutschland hinter China und den USA weltweit an dritter Stelle. Dabei sind Offshore-Anlangen ein enormer Zukunftsmarkt. Diese Windenergieanlangen werden vor der Küste in der offenen See errichtet.

Den größten Anteil an der Windenergieproduktion in Deutschland hat mit 25,1 Prozent Niedersachsen. Aufgrund seiner nordwestliche Lage mit langen Küstenabschnitten an der Nordseeküste bietet Niedersachsen besonders viel geeignete Standorte für Windenergieanlangen. Niedersächsische Unternehmen zählen zu den erfolgreichsten in der ohnehin boomenden Windenergie-Branche.

Wie wird aus Wind Strom?
Windenergieanlagen nutzen den „Rohstoff" Wind indem der Rotor der Anlage die Bewegungsenergie zunächst in mechanische Rotationsenergie umformt. Ein Generator wandelt diese schließlich in elektrische Energie um.
Entscheidend für einen hohen Stromertrag sind vor allem mittlere Windgeschwindigkeiten und die Größe der Rotorfläche. Bei zunehmender Höhe über dem Erdboden weht der Wind stärker und gleichmäßiger. Je höher die Windenergieanlage und je länger die Rotorblätter, desto besser kann die Anlage das Windenergieangebot ausnutzen. Eine Windenergieanlage lohnt sich also besonders dort, wo stetig genug Wind steht. An Standorten mit besonders günstigen Windverhältnissen wird oft eine größere Zahl von Windenergieanlagen aufgestellt. Dann spricht man von einem Windpark.

Windenergieanlagen haben sich bereits nach etwa drei bis sieben Monaten energetisch amortisiert. Das heißt, nach dieser Zeit hat die Anlage so viel Energie produziert wie für Herstellung, Betrieb und Entsorgung aufgewendet werden muss. Dies ist im Vergleich zu anderen erneuerbaren Energien sehr kurz. Konventionelle Energieerzeugungsanlagen amortisieren sich dagegen nie energetisch. Denn es muss im Betrieb immer mehr Energie in Form von Brennstoffen eingesetzt werden, als man an Nutzenergie erhält.

Quelle: pixabay.com

Tipp: Nutze die folgenden Hauptstränge!

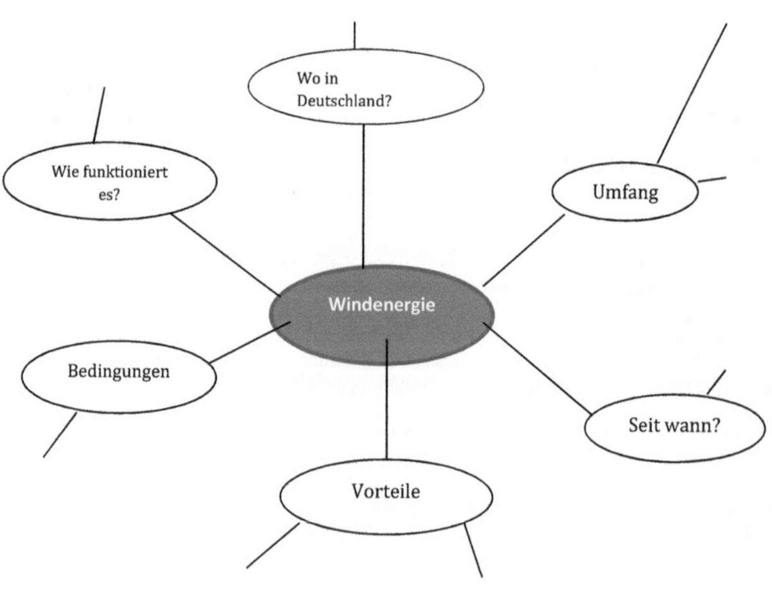

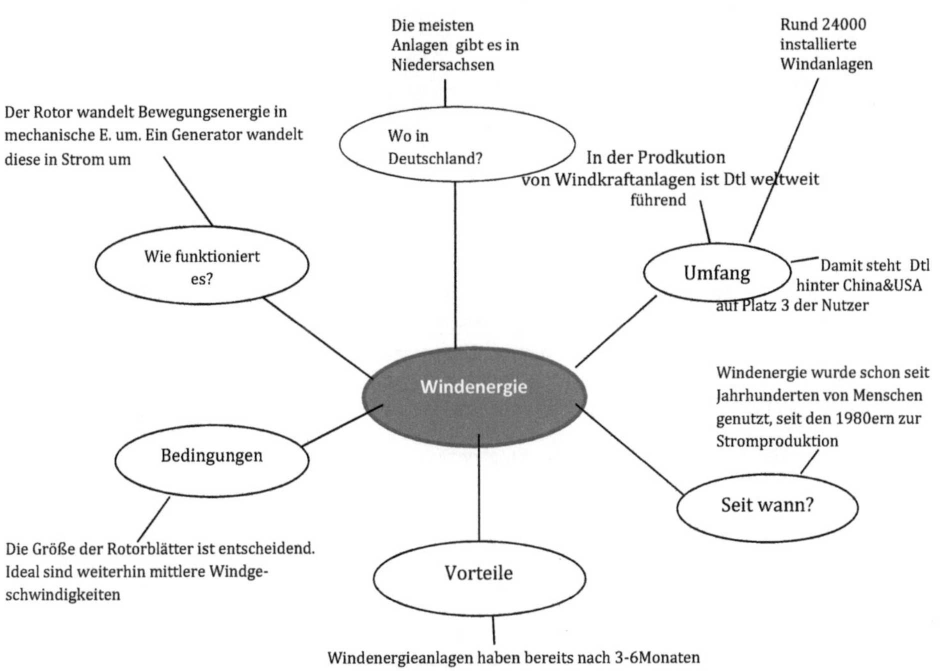
Die meisten
Anlagen gibt es in
Niedersachsen
Rund 24000
installierte
Windanlagen
Der Rotor wandelt Bewegungsenergie in
mechanische E. um. Ein Generator wandelt
diese in Strom um
Wo in
Deutschland?
In der Prodkution
von Windkraftanlagen ist Dtl weltweit
führend
Wie funktioniert
es?
Umfang
Damit steht Dtl
hinter China&USA
auf Platz 3 der Nutzer
Windenergie
Windenergie wurde schon seit
Jahrhunderten von Menschen
genutzt, seit den 1980ern zur
Stromproduktion
Bedingungen
Seit wann?
Die Größe der Rotorblätter ist entscheidend.
Ideal sind weiterhin mittlere Windge-
schwindigkeiten
Vorteile
Windenergieanlagen haben bereits nach 3-6Monaten
so viel Energie produziert wie für Herstellung, Betrieb
und Entsorgung benötigt wird.

Quelle: pixabay.com

Aufgaben:

1. Lest den Text. T3. Der/die jüngere von euch beiden ist Partner A, der andere Partner B.

2. **Partner A:** Entnehme dem Text, wie ein <u>Laufwasserkraftwerk</u> funktioniert. Stelle Dir vor, wie so ein Kraftwerk aussieht und fertige dazu eine Skizze an. Erkläre Partner B anhand der Skizze das Kraftwerk.

   Partner B: Siehe Partner A. Du skizzierst und erklärst Partner A das <u>Speicherkraftwerk.</u>

 Wenn Du Hilfe benötigst, hole Dir die Tippkarte.

T3

Genau wie die Nutzung von Wind, hat auch die Nutzung von Wasserkraft eine jahrhundertelange Tradition. Wassermühlen wurden früher beispielsweise zum Mahlen von Mehl oder zum Schleifen und Sägen genutzt. Heute wird aus der Kraft des Wassers Strom erzeugt. Dazu muss es zunächst in Bewegung sein.

Physikalisches Grundprinzip bei der Nutzung der Wasserkraft ist die Umwandlung der Bewegungsenergie (Strömung) sowie der potenziellen Energie, (also die Höhendifferenz, z.B. bei Stauseen) in nutzbare Energie. Prinzipiell wird zwischen Laufwasserkraftwerken und Speicherkraftwerken unterschieden.

Laufwasserkraftwerke nutzen die Strömung eines Flusses oder Kanals um Strom zu erzeugen. Das Wasser wird mit Hilfe einer Wehranlage aufgestaut. Der durch die Stauung entstehende Höhenunterschied wird zur Stromerzeugung genutzt. Die Wasserströmung setzt ein Turbinenrad in Betrieb und treibt damit Maschinen oder Generatoren an. Charakteristisch ist eine niedrige Fallhöhe bei relativ großer, jedoch oft jahreszeitlich schwankender Wassermenge. Die Masse an erzeugter Energie wird hier durch Fließgeschwindigkeit und Wasserstand bestimmt. Dieser Kraftwerkstyp kommt am häufigsten zum Einsatz und dient in der Regel zur Deckung der Grundlast. Bei einigen Kraftwerken besteht die Möglichkeit, bei geringem Energiebedarf Wasser aufzustauen, um es als Energiereserve zu speichern.

Wie der Name schon vermuten lässt, funktioniert das **Speicherkraftwerk**, indem für eine bestimmte Zeit- dies können Stunden oder auch Monate sein- Wasser in einem Speicherbecken gesammelt wird. Wenn Strom aus dem Speicherkraftwerk erzeugt werden soll, lässt man das Wasser aus dem Speicherbecken ab und führt es durch ein tiefergelegenes Turbinenbecken. Über die Bewegung der Turbine entsteht dann Strom. Speicherkraftwerke nutzen natürliche Wasserquellen, wie hochgelegene Seen, oder künstlich angelegte Staubecken zur Speicherung von Wasser. Künstlich angelegte Staubecken werden über einen natürliche Zufluss, zumeist einen Fluss, mit Wasser versorgt.

 **Wichtige Textstellen zur Beantwortung der Fragen sind hier unterstrichen.**

T3

Genau wie die Nutzung von Wind, hat auch die Nutzung von Wasserkraft eine jahrhundertelange Tradition. Wassermühlen wurden früher beispielsweise zum Mahlen von Mehl oder zum Schleifen und Sägen genutzt. Heute wird aus der Kraft des Wassers Strom erzeugt. Dazu muss es zunächst in Bewegung sein.

Physikalisches Grundprinzip bei der Nutzung der Wasserkraft ist die Umwandlung der Bewegungsenergie (Strömung) sowie der potenziellen Energie, (also die Höhendifferenz z.B. bei Stauseen) in nutzbare Energie. Prinzipiell wird zwischen **Laufwasserkraftwerken** und **Speicherkraftwerken** unterschieden.

Laufwasserkraftwerke nutzen die Strömung eines Flusses oder Kanals um Strom zu erzeugen. Das Wasser wird mit Hilfe einer Wehranlage aufgestaut. Der durch die Stauung entstehende Höhenunterschied wird zur Stromerzeugung genutzt. Die Wasserströmung setzt ein Turbinenrad in Betrieb und treibt damit Maschinen oder Generatoren an. Charakteristisch ist eine niedrige Fallhöhe bei relativ großer, jedoch oft jahreszeitlich schwankender Wassermenge. Die Masse an erzeugter Energie wird hier durch Fließgeschwindigkeit und Wasserstand bestimmt. Dieser Kraftwerkstyp kommt am häufigsten zum Einsatz und dient in der Regel zur Deckung der Grundlast. Bei einigen Kraftwerken besteht die Möglichkeit, bei geringem Energiebedarf Wasser aufzustauen, um es als Energiereserve zu speichern.

Wie der Name schon vermuten lässt, funktioniert das **Speicherkraftwerk**, indem für eine bestimmte Zeit- dies können Stunden oder auch Monate sein- Wasser in einem Speicherbecken gesammelt wird. Wenn Strom aus dem Speicherkraftwerk erzeugt werden soll, lässt man das Wasser aus dem Speicherbecken ab und führt es durch ein tiefergelegenes Turbinenbecken. Über die Bewegung der Turbine entsteht dann Strom. Speicherkraftwerke nutzen natürliche Wasserquellen, wie hochgelegene Seen, oder künstlich angelegte Staubecken zur Speicherung von Wasser. Künstlich angelegte Staubecken werden über einen natürliche Zufluss, zumeist einen Fluss, mit Wasser versorgt.

M13 Lösungsvorschlag zu: Arbeitsblatt 3 /Wasserkraft

Stauwasserkraftwerk:

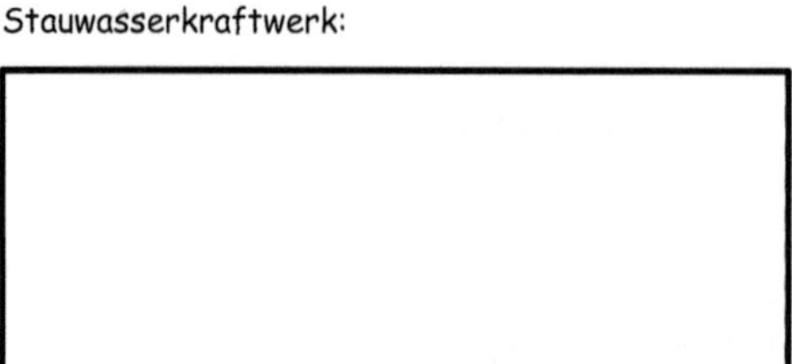

Grafik aus urheberrechtlichen Gründen entfernt. Zu finden unter:
http://www.fosbos-technik-muenchen.de/_/rsrc/1353077592118/die-schule/fachbereiche-faecher/technologie-informatik/12-klasse-fos-bos/Laufwasserkraftwerk.png

Laufwasserkraftwerk:

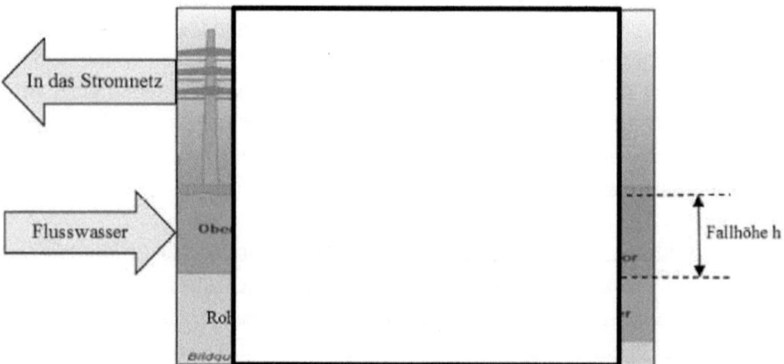

Ergänzte Grafik aus urheberrechtlichen Gründen entfernt. Zu finden unter:
http://www.sroka-partner.de/energy/images/wasserkraft_skizze_fluss.gif

M14 Fühlbox

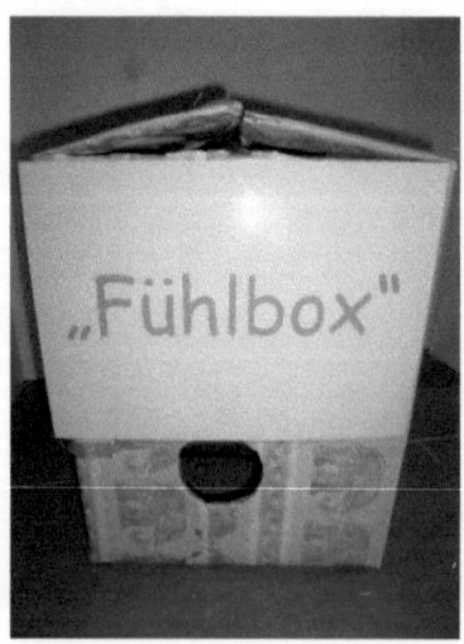

Aufgabe 1: In der Fühlbox befinden sich drei verschiedene Produkte, die zur Herstellung von Bioenergie verwendet werden können. Versuche zunächst, diese Produkte zu ertasten.

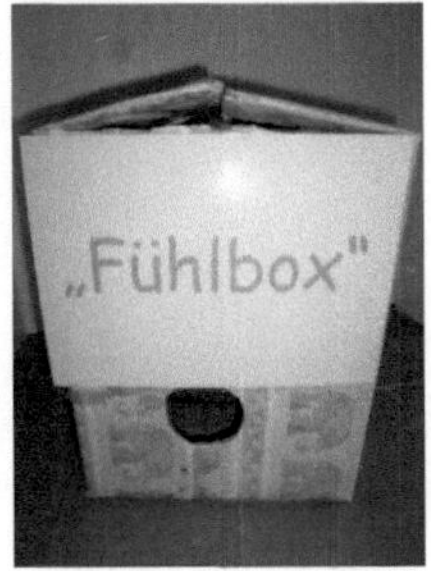

Hast Du Vermutungen, um welche Produkte es sich handelt? Notiere Deine Ideen:

____

____

Lese nun den Text T4 und bearbeite die folgenden Aufgaben.

Wenn Du Hilfe benötigst, hole Dir die Tippkarte.

Aufgabe 2: Im Text erfährst Du, welche Produkte zur Produktion von Bioenergie verwendet werden können. Kannst Du Dir jetzt denken, welche Produkte in der Box waren? Ergänze bzw. korrigiere Deine Vermutungen aus Aufgabe 2 gegebenenfalls.

Aufgabe 3: Nenne die verschiedenen Verwendungen für Bioenergie:

____

____

____

Aufgabe 4: Beschreibe, warum Bioenergie bei nachhaltigem Anbau der Biomasse als „klimaneutral", also nicht klimaschädigend gilt?

____

____

____

____

Aufgabe 5: Erkläre den Begriff: „Teller oder Tank- Debatte"

____

____

____

Quelle: pixabay.com

T4   Bioenergie – ein weites und komplexes Feld

Biomasse ist bisher der wichtigste und vielseitigste erneuerbare Energieträger in Deutschland. Die Vielfalt der Rohstoffe und Umwandlungstechniken ermöglicht einen Einsatz der Bioenergie in allen energierelevanten Sektoren: als Treibstoff im Verkehr (für Benzin, Diesel, Gas und Elektro-Fahrzeuge), zur Erzeugung von Heizwärme in Haushalten, für Prozesswärme in der Industrie und für die Stromerzeugung. Knapp über zwei Drittel der gesamten Endenergie aus erneuerbaren Energiequellen wurde 2013 durch die verschiedenen energetisch genutzten Biomassen bereitgestellt.

Der Begriff „Bioenergie" umfasst unterschiedlichste Rohstoffe, Technikpfade und Anwendungsbereiche. So kann Bioenergie zum Beispiel aus:

- eigens landwirtschaftlich angebauten Pflanzen (z.B. Mais, Weizen, Zuckerrübe, Raps, Sonnenblumen, Ölpalmen) (für *Biogasanlagen oder Biodiesel)*
- aus Bio-Abfällen aus Land- und Forstwirtschaft, Haushalten, Industrie (für *Biogasanlagen)*
- aus schnellwachsenden Gehölzen (für *Holzkraftwerke)* oder aber
- aus Holz aus der Forstwirtschaft (für *Holzkraftwerke)*

gewonnen werden.

Aber Moment mal! Wenn man Biomasse verbrennt oder als Sprit im Auto verfährt, wird doch auch Kohlendioxid (CO_2) freigesetzt. Wie kann das besser sein fürs Klima? Das liegt daran, dass es einen CO_2-Kreislauf gibt. Pflanzen brauchen CO_2, um zu wachsen. Das Klimagas wird sozusagen von der Pflanze aus der Luft gezogen und eingeschlossen. Beim Verbrennen wird nur so viel frei, wie die Pflanze vorher aus der Luft entnommen hat. Dieser Kreislauf funktioniert aber nur, wenn die Biomasse wieder nachwächst, so wie Brennholz aus nachhaltig bewirtschafteten Wäldern in Deutschland.

Häufiger Kritikpunkt der Bioenergie ist, dass bestimmte Formen der Biomasse aus Nahrungsmitteln (z.B. Mais) gewonnen werden. Mais wird in großen Mengen eigens zur Produktion von Biogas angebaut. Gleichzeitig fehlt es einer wachsenden Weltbevölkerung in vielen Regionen an Nahrungsmitteln wie diesem. Vor allem Biogas-Anlagen stehen durch diese „Teller- oder Tank-Debatte" vermehrt in der Kritik.

Tippkarte zu <u>T4:   Bioenergie – ein weites und komplexes Feld</u>

 **Wichtige Textstellen zur Beantwortung der Fragen sind hier unterstrichen.**

Biomasse ist bisher der wichtigste und vielseitigste erneuerbare Energieträger in Deutschland. Die Vielfalt der Rohstoffe und Umwandlungstechniken ermöglicht einen Einsatz der Bioenergie in allen energierelevanten Sektoren: <u>als Treibstoff im Verkehr</u> (für Benzin, Diesel, Gas und Elektro-fahrzeuge), <u>zur Erzeugung von Heizwärme in Haushalten,</u> für <u>Prozesswärme in der Industrie</u> und für die <u>Stromerzeugung.</u> Knapp über zwei Drittel der gesamten Endenergie aus erneuerbaren Energiequellen wurde 2013 durch die verschiedenen energetisch genutzten Biomassen bereit-gestellt.

Der Begriff „Bioenergie" umfasst unterschiedlichste Rohstoffe, Technikpfade und Anwendungsbereiche. So kann Bioenergie zum Beispiel aus:

- eigens landwirtschaftlich angebauten Pflanzen (z.B. <u>Mais, Weizen, Zuckerrübe, Raps, Sonnenblumen, Ölpalmen</u>) (für Biogasanlagen oder Biodiesel)
- aus <u>Bio-Abfällen</u> aus Land- und Forstwirtschaft, <u>Haushalten,</u> Industrie (für Biogasanlagen)
- aus schnellwachsenden Gehölzen (für Holzkraftwerke) oder aber
- <u>aus Holz aus der Forstwirtschaft</u> (für Holzkraftwekre)

gewonnen werden.

Aber Moment mal! Wenn man Biomasse verbrennt oder als Sprit im Auto verfährt, wird doch auch Kohlendioxid (CO_2) freigesetzt. Wie kann das besser sein fürs Klima? <u>Das liegt daran, dass es einen CO_2 Kreislauf gibt. Pflanzen brauchen CO_2, um zu wachsen. Das Klimagas wird sozusagen von der Pflanze aus der Luft gezogen und eingeschlossen. Beim Verbrennen wird nur so viel frei, wie die Pflanze vorher aus der Luft entnommen hat.</u> Dieser Kreislauf funktioniert aber nur, wenn die Biomasse wieder nachwächst, so wie Brennholz aus nachhaltig bewirtschafteten Wäldern in Deutschland.

Häufiger Kritikpunkt der Bioenergie ist, dass bestimmte Formen der Biomasse aus Nahrungsmitteln (z.B. Mais) gewonnen werden. <u>Mais wird in großen Mengen eigens zur Produktion von Biogas angebaut. Gleichzeitig fehlt es einer wachsenden Weltbevölkerung in vielen Regionen an Nahrungsmitteln wie diesem.</u> Vor allem Biogas-Anlagen stehen durch diese „Teller- oder Tank-Debatte" vermehrt in der Kritik.

M18 Aufgabe 4 –Fühlbox – Lösung

Aufgabe 1: In der Fühlbox befinden sich drei verschiedene Produkte, die zur Herstellung von Bioenergie verwendet werden können. Versuche zunächst, diese Produkte zu ertasten.

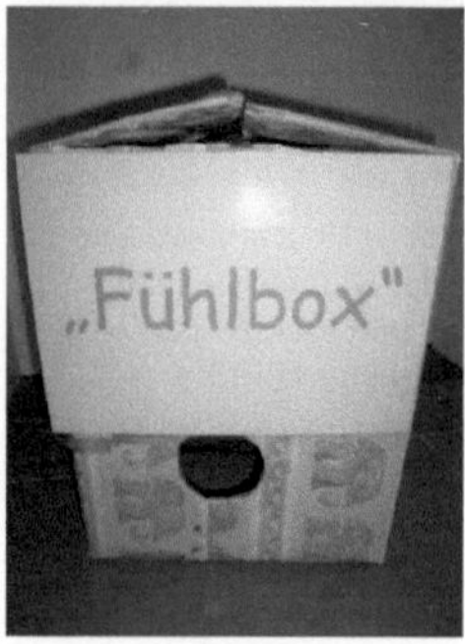

Hast Du Vermutungen, um welche Produkte es sich handelt? Notiere Deine Ideen:

Bioabfälle aus dem Haushalt (hier: Apfel- und Kartoffelschalen), Holz, Weizen, Mais

Aufgabe 2: Ergänze bzw. korrigiere Deine Vermutungen aus Aufgabe 2 gegebenenfalls.
Siehe Aufgabe 1

Aufgabe 3: Nenne die verschiedenen Verwendungen für Bioenergie:

Als Treibstoff im Verkehr (für Benzin, Diesel, Gas und Elektrofahrzeuge), zur Erzeugung von Heizwärme in Haushalten, für Prozesswärme in der Industrie und für die Stromerzeugung, für Biogasanlangen, für Holzkraftwerke.

Aufgabe 4: Beschreibe, warum Bioenergie bei nachhaltigem Anbau der Biomasse als „klimaneutral", also nicht klimaschädigend gilt?

Das liegt daran, dass es einen CO_2 Kreislauf gibt. Pflanzen brauchen CO_2, um zu wachsen. Das Klimagas wird sozusagen von der Pflanze aus der Luft gezogen und eingeschlossen. Beim Verbrennen wird nur so viel frei, wie die Pflanze vorher aus der Luft entnommen hat.

Aufgabe 5: Erkläre den Begriff: „Teller oder Tank- Debatte"
Mais wird in großen Mengen eigens zur Produktion von Biogas angebaut. Gleichzeitig fehlt es einer wachsenden Weltbevölkerung in vielen Regionen an Nahrungsmitteln wie diesem. Da es hier zu einem Konflikt zwischen Versorgung mit Nahrung und der Produktion von Bio-Diesel kommt, spricht man von einer „Teller- oder Tank-Debatte.

Quelle: pixabay.com

Aufgabe: Arbeite mit einem Partner zusammen! Nehmt euch <u>zu zweit ein</u> Puzzle.

1. Nehmt die Puzzleteile aus dem Umschlag, fügt das Puzzle zusammen und klebt es auf.

2. Beschreibt, was Eurer Meinung nach auf dem Bild dargestellt ist.

____

____

____

____

____

3. <u>Erst dann</u>, holt ihr euch (<u>jeder einen</u>) Text und bearbeitet die Aufgaben dazu.

M 20- Puzzle

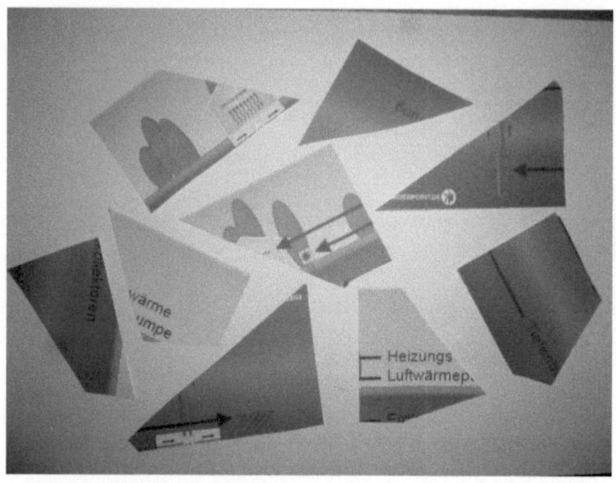

M21 Lösung zum Puzzle

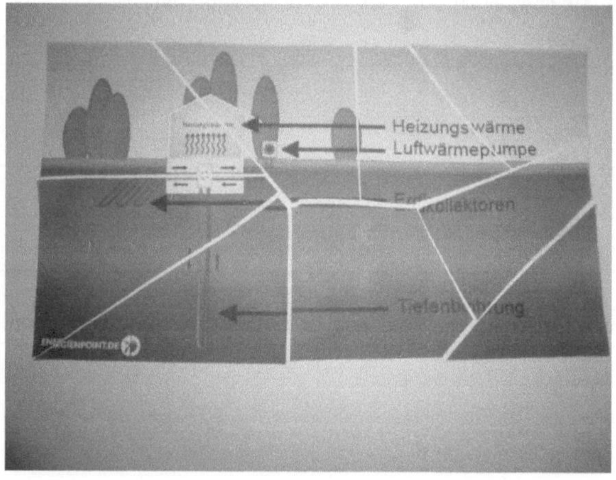

Quelle der Grafik für´s Puzzle: http://www.energienpoint.de/erneuerbare-energien/

M 22- Text zu Aufgabe 5/ Puzzle -Partnerarbeit

Aufgaben:

1. Beide Partner lesen sich den Text zunächst aufmerksam durch.
2. Nachdem ihr erfahren habt, wie Geothermie funktioniert, denkt ihr euch jeder drei
Fragen zu dem Thema aus, die euer Partner anhand des Textes beantworten kann.
3. Anschließend „interviewen" sich die beiden Partner gegenseitig zu dem Thema. Schreibt
die Antworten zu euren Fragen stichwortartig auf!

 Wenn Du Hilfe benötigst, hole Dir die Tippkarte.

Grafik aus urheberrechtlichen Gründen entfernt.
Motiv: Funktionsweise Geothermie
Zu finden unter folgendem Link:
http://www.energienpoint.de/erneuerbare-energien/

**Erdwärme ist eine natürliche Energiequelle. Geothermie heißt die Technik, mit der wir die
Erdwärme nutzen können. "Geo" bedeutet Erde und "thermos" warm.** Etwa 99 Prozent unseres
Planeten sind wärmer als 1.000 Grad Celsius.

Wenn Experten vergleichsweise nah an der Erdoberfläche bleiben und bis zu 400 Meter tief bohren,
herrschen Temperaturen zwischen 8 und 12 Grad Celsius. Schon diese Temperaturen reichen aus, um
zum Beispiel mit Hilfe von so genannten Wärmepumpen Wasser für die Dusche oder die Heizung eines
Einfamilienhauses zu erhitzen. Viele Hausbesitzer nutzen diese Technik und sparen dadurch Öl, Gas oder
Strom. Eine Wärmepumpe funktioniert ähnlich wie ein Kühlschrank - nur umgekehrt. Eine Flüssigkeit, die
Wärme aufnehmen kann, wird durch Rohre in die Erde geleitet. Als Transportmittel für die
Wärmeenergie werden Stoffe eingesetzt, die schon bei niedrigen Temperaturen verdampfen - so zum
Beispiel der Kohlenwasserstoff Propan (C_3H_8).

Das flüssige Propan nimmt auf seiner Reise durch die Rohre die Wärmeenergie der Erde auf und
verdampft dadurch. Im Verdichter der Wärmepumpe wird das gasförmige Propan zusammengepresst,
durch den Druck steigt seine Temperatur. Das erhitzte Gas strömt weiter zum Verflüssiger, einem so
genannten Wärmetauscher, in dem die aus der Erde gewonnene Wärmeenergie beispielsweise an das
Heizungs- oder Warmwassersystem eines Hauses abgegeben wird. Durch das Entziehen der
Wärmeenergie und den sinkenden Druck kühlt das Propan ab, wird wieder flüssig und kann erneut
Wärme aufnehmen. Ein Kreislauf entsteht. Ein Nachteil der Wärmepumpe ist, dass wir Strom benötigen,
damit sie funktioniert.

 **Hier findest Du ein paar Beispiele für Fragengebiete**

Fragen könntest Du...

-Woher der Begriff der Geothermie kommt.

-Wie die Wärme aus der Erde nach oben transportiert wird.

- Wie tief für die Geothermie gebohrt wird und welche Temperatur zum Betrieb einer Wärmepumpe herrschen muss.

-Was Vor-und Nachteile der Geothermie sind.

Quelle: http://n-land.de/news/lauf/nein-der-stadt-zum-windrad-ist-rechtswidrig

Aufgaben:

Schaue Dir das Video auf einem der Laptops an. Vergiss Deine Kopfhörer nicht!
Während Du das Video schaust, mache Dir stichpunktartige Notizen zu folgenden Punkten:

- 1. Nenne Gründe dafür, dass die Einwohner gegen die Windkraftanlagen sind.
- 2. Warum stellt die Gemeinde trotzdem weitere Windräder auf?
- 3 Was fordern die Bewohner?

Schaue das Video ein zweites Mal wenn Du beim ersten Mal nicht alle Antworten findest.

Nachdem Du das Video angeschaut hast, gehe zurück auf Deinen Platz und formuliere Deine
Antworten aus.

Zu 1:

____

____

____

____

Zu 2:

____

____

____

____

Zu 3:

____

____

____

Zu 1: Lärmbelästigung (Bewohner schlafen dadurch schlecht, sind unruhig, nervös) Wald wird gerodet (Die Fläche von zwei Fußballfeldern für ein Windrad), durch 20m tiefe Fundamente wird das Oberflächenwasser abgeleitet, was dazu führt dass auch die umliegenden Bäume absterben. Seltene Tierarten (vor allem Vogelarten) werden durch das Fällen der Bäume vertrieben.

Zu 2: Die Kommune ist auf das Geld, was sie für die Pacht der Windräder bekommt, angewiesen. Die Kommune hat Geldsorgen und braucht das Geld zum Beispiel für Kitas und Schwimmbäder.

Zu3: Momentan kommen die Windräder bis zu 800m an die Bewohner heran. Gesetzliche Lärmschutzregeln liegen eigentlich bei einem Mindestabstand von 2,6km. Die Bewohner fordern den Einhalt dieses Abstandes. Außerdem liegt ein Teil der Anlagen in einem Landschaftsschutzgebiet. Dort dürften Windanlagen eigentlich gar nicht gebaut werden. Die Bewohner wollen verhindern, dass dort weitere Windräder gebaut werden.

Ich fand gut, dass …
Ich fand nicht gut, dass …

Leicht fiel mir …, weil …
Schwierig fand ich …, weil …